ABEILLES.

EXTRAIT
DU SIXIÈME ET DERNIER COURS

THÉORIQUE, PRATIQUE ET GRATUIT

SUR

L'ÉDUCATION ET LA CONSERVATION
DES ABEILLES,

Fait en 1823, d'après l'autorisation de S. Exc. le Ministre secrétaire d'État au département de l'intérieur.

PAR M. LOMBARD,

De la Société royale et centrale d'Agriculture, correspondant de plusieurs autres Sociétés.

Dans lequel on trouve, 1°. des moyens propres à augmenter nos récoltes de cire ; 2°. des observations sur les abeilles, échappées aux naturalistes ; 3°. des causes d'abondance extraordinaire des mâles dans des ruches ; 4°. la manière de faire la dernière récolte annuelle et le commerce du miel et de la cire dans le département des Landes.

A PARIS,

DE L'IMPRIMERIE DE MADAME HUZARD
(née VALLAT LA CHAPELLE).

1824.

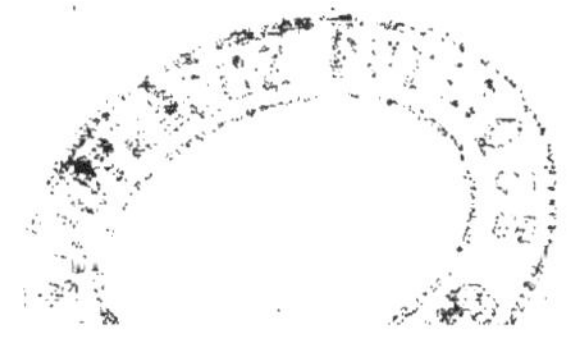

Extrait des Annales de l'Agriculture française,
2e. Série, t. XXV.

ABEILLES.

EXTRAIT

DU SIXIÈME ET DERNIER COURS THÉORIQUE PRA-
TIQUE ET GRATUIT

SUR

L'ÉDUCATION ET LA CONSERVATION
DES ABEILLES,

Fait en 1823, d'après l'autorisation de S. Exc. le Ministre secrétaire d'État
au département de l'intérieur,

DANS LEQUEL ON TROUVE, 1°. DES MOYENS PROPRES A AUGMENTER
NOS RÉCOLTES DE CIRE ; 2°. DES OBSERVATIONS SUR LES ABEILLES,
ÉCHAPPÉES AUX NATURALISTES ; 3°. DES CAUSES D'ABONDANCE
EXTRAORDINAIRE DES MALES DANS DES RUCHES ; 4°. LA MANIÈRE
DE FAIRE LA DERNIÈRE RÉCOLTE ANNUELLE ET LE COMMERCE
DU MIEL ET DE LA CIRE DANS LE DÉPARTEMENT DES LANDES.

SEIZE jeunes villageois ont été envoyés au cours
par MM. les préfets, y ont assisté aussi des étu-
dians en droit, en médecine, en chirurgie, etc.

Le mois de mai a été favorable à la sortie des
essaims dans notre canton ; notre premier est du
4 de ce mois. J'ai observé que quand ils sortaient
ainsi de bonne heure, il était inutile d'en faire
d'artificiels ; cependant nous en avons fait, afin de

montrer aux élèves combien cela était facile, nous n'en avons pas manqué un.

Pour la conservation des abeilles et en tirer du profit, j'ai posé les préceptes que voici :

Le premier, de se familiariser avec la partie de l'histoire des abeilles nécessaire à connaître, afin de ne pas contrarier la nature en les soignant : elle se trouve dans la cinquième édition de mon ouvrage sur les abeilles.

Le second, de les visiter souvent, d'agir près d'elles avec douceur et sans bruit, cet insecte n'étant jamais agresseur; de regarder son aiguillon comme un don de la Providence, sans lequel l'espèce en serait détruite depuis long-temps, les hommes et les animaux étant friands de miel. Si on les craint, si on veut fouiller dans les ruches, il est facile de les écarter avec un peu de fumée.

Le troisième, de s'appliquer à connaître ce que le canton où elles sont peut en nourrir dans une année commune, et se défaire du surplus.

Un point incontestable, c'est que les abeilles ne se multiplient qu'à raison du miel qu'elles trouvent à une demi-lieue à la ronde du lieu qu'elles habitent.

Dans les années et les contrées où le miel abonde, la multiplication des abeilles est si

grande, que l'on voit doubler, tripler les ruches,
et, dans toutes, une nombreuse population. Si on
garde tout et que l'année soit encore bonne , n'y
ayant plus de proportion entre la multiplication
des abeilles et leur subsistance, il y a combat,
pillage et mortalité.

Si une année fertile est suivie d'une médiocre
et que l'on ait tout conservé , les abeilles ne feront
rien, souffriront, et l'on fera des pertes considé-
rables.

Si au contraire après une année fertile on ré-
duit le nombre de ses ruches à ce que la contrée
peut nourrir dans une année ordinaire, les abeilles
ainsi réduites vivront, et si l'année est stérile, on
en sauvera plus que si on avait tout gardé.

Le quatrième, de ne garder que des ruches bien
meublées, bien peuplées, qui résistent aux mauvaises saisons, donnent des essaims de bonne heure
et qui se suivent, tandis qu'avec des ruches d'i-
négale force, les moins peuplées, donnent des essaims tardifs qui ne valent rien : on a bien la
ressource de les réunir; mais ces réunions pros-
pèrent rarement dans les contrées où il n'y a ni
bruyère ni sarrasin.

Le cinquième, de ne faire la récolte du miel
que lorsque les abeilles ont fini leurs travaux,
c'est-à-dire lorsqu'elles ne trouvent plus rien dans

les contrées qu'elles habitent, parce qu'alors il n'y a plus de nymphes dans les ruches, mais seulement du petit couvain d'hiver. Cela a lieu plus tôt ou plus tard, suivant les localités. Dans le département des Landes, par exemple, où la bruyère passe fleurs environ la fin d'août, la récolte du miel se fait dans les quinze premiers jours de septembre.

Dire ce que nous avons fait dans le reste du cours, ce serait répéter ce que j'ai dit dans les précédens, dont les extraits imprimés se trouvent chez moi.

Je dirai seulement que la fin de la belle saison n'a pas été favorable aux abeilles, que beaucoup d'essaims sont restés faibles en récolte ; ce qui fait craindre qu'il n'en périsse un grand nombre.

Je passe aux articles qui sont annoncés au titre.

Récolte annuelle de la cire (1).

J'ai déjà traité cet objet dans un rapport à la Société royale et centrale d'agriculture, rapport

----

(1) Je dois cette instruction et ce qui s'ensuivra à M. *Espaignet*, curé de la cathédrale de Bordeaux, qui, pendant la révolution, s'était retiré au milieu des bons habitans des Landes, où il a observé les abeilles et bien amélioré cette branche de notre économie rurale.

qui a été imprimé et qui est épuisé : cet article est si important, que j'y reviens d'après les connaissances que j'ai acquises depuis ce rapport.

Parmi les élèves du Cours en 1823, celui du département des Landes, ainsi que celui du département de la Gironde étaient bien au fait de cette espèce de récolte.

Ces deux élèves nous ont donné la forme des instrumens propres à faire cette récolte, instrumens que j'ai fait faire sous leurs yeux.

Cette récolte, dans le département des Landes et les départemens voisins, est générale à chaque printemps ; elle est d'un produit si considérable, que la cire qui en provient chaque année est évaluée de six à sept mille francs ; récolte qui peut se faire dans toute la France, et qui ne manque jamais, parce qu'à l'époque de la sortie des essaims, les brèches faites aux rayons sont réparées, et que dès lors on voit cette même récolte assurée pour le printemps suivant : c'est le plus sûr et le plus important produit des abeilles.

Cette cire, qui a peu séjourné dans les ruches, est préférée par les ciriers, et se vend sur la place de Bordeaux quinze et vingt-cinq francs le quintal plus cher que celle qui provient des ruches dont les abeilles ont été étouffées.

Dans les contrées où cette récolte n'a pas lieu,

on n'a, lors des mauvaises années pour les abeilles, d'autre profit que la dépouille des ruches mortes, et dans les années fertiles en essaims on a peu de chose, parce qu'il est rare qu'on puisse trouver beaucoup de miel dans les ruches qui ont donné plusieurs essaims, le couvain en ayant beaucoup consommé : le miel, d'ailleurs, est moins précieux que la cire, ne se conservant pas comme elle.

Cette récolte n'est pas moins utile aux abeilles : les ruches, dans les contrées où les abeilles se cultivent en grand, sont sur terre, ayant presque toujours, après l'hiver, le bas de leurs rayons altérés par l'humidité, les mulots, etc. Si on ne les ôte pas, les abeilles emploient beaucoup plus de temps pour ronger les parties altérées et les réparer, que pour en faire de nouveaux.

En récoltant, au printemps, les rayons de cire qui sont vides, on rend un service essentiel aux abeilles, parce que c'est dans la partie presque inférieure de leurs rayons, qu'elles élèvent, dans la belle saison, un couvain nombreux ; ce qui indique la nécessité de mettre les abeilles en état de renouveler cette partie. Si on ne le fait pas, la cire noircit, se durcit, les alvéoles, tapissés par les soies des coques successives que les vers filent autour d'eux avant de passer à l'état de nymphes, et par leurs corps étrangers que les abeilles ne peuvent arracher des alvéoles, les épaississent; ce qui nuit au développement du couvain. Cet inconvénient n'a pas lieu lorsque l'on met les abeilles en état de renouveler à chaque printemps les parties inférieures de leurs rayons.

Voici un exemple qui prouve ce que je viens de dire sur les rayons non renouvelés.

Une personne qui a suivi le Cours en 1822, dans lequel, pour la première fois, il a été question de cette récolte de cire, en a fait une au printemps de cette année 1823 : sur vingt-neuf vieilles ruches, elle a tiré quarante livres de rayons noirs, durs et épais, qui, à la fonte, ne lui ont donné que huit livres et demie de cire. Il n'est pas douteux qu'il ne soit resté de la cire dans un marc aussi considérable, malgré l'action de la presse.

Ces huit livres et demie de cire faisaient, dans le principe, au moins la composition des rayons inférieurs de ces vingt-neuf ruches : la récolte n'en ayant pas été faite, le propriétaire a perdu annuellement huit livres et demie de cire. D'après cela, qu'on calcule la perte immense de cire qui a lieu pour les propriétaires qui ne font pas cette récolte.

Au mois de juin dernier, époque de la sortie des essaims dans la contrée où sont ces vingt-neuf ruches, toute la cire enlevée était renouvelée : le propriétaire se propose bien de faire annuellement cette récolte ; ses voisins, convaincus, ont annoncé qu'ils l'imiteraient.

Une autre personne qui a suivi le Cours de l'année dernière, a fait, au printemps, un essai sur trois ruches : au mois de mai, la cire était renouvelée.

Instrumens nécessaires pour faire cette récolte de la cire.

Il faut un enfumoir et deux tranchans :

L'*enfumoir*, dans le département des Landes, a une base de sept à huit pouces ; le dessus est bombé, criblé de trous, et près du manche il y a une ouverture pour y introduire le feu et les tranchans : là, ces enfumoirs sont en terre cuite.

Comme les potiers de terre, à Paris, ne font pas ces enfumoirs, et celui dont je me sers habituellement, tel qu'on le voit *fig.* 9 de la deuxième planche des gravures de mon ouvrage, étant trop grand et trop lourd, j'en ai fait faire un de tôle, dont voici la description.

Le fond représente une boîte ronde, dont la base est de sept pouces ; la partie circulaire est de deux pouces de haut, avec une espèce de couvercle y adhérant, bombé, ayant deux pouces d'élévation dans son milieu : ce couvercle est

criblé de trous, ayant chacun trois lignes d'ouverture.

Dans ce couvercle, est une ouverture de quinze
lignes de largeur sur trois pouces de longueur ;
ouverture qui doit être pratiquée de manière à
venir jusqu'auprès d'un des bords du couvercle,
vis-à-vis l'endroit où on met un manche de bois.
Cette ouverture sert à introduire du feu dans l'enfumoir, à mettre chauffer les deux tranchans qui
doivent couper la cire. Il est bon que les manches
des tranchans viennent sur celui de l'enfumoir,
afin de pouvoir porter le tout de la même main.

Le tranchant. — Il est fait avec un morceau de
fer rond ou carré, de trois à quatre lignes de
grosseur, long d'un pied, y compris la partie in-
sérée dans un manche de bois de quatre pouces.
A l'extrémité du fer, est une petite lame, comme
fer de lance, saillante à angle droit, de dix-huit
à vingt lignes de longueur et de six lignes de largeur vers sa tige, venant, en diminuant, jusqu'à
son extrémité, coupant des deux côtés et à son
bout. Comme ce fer doit être chauffé souvent, il
est inutile de faire la lame en acier, mais seulement en fer doux.

Il est bon d'avoir deux tranchans, afin que
l'un se refroidissant, on puisse prendre l'autre : il
ne faut pas les faire chauffer au point de faire fondre

ou enflammer la cire que l'on va couper, mais assez pour trancher net ; si on s'en servait froid, les rayons se colleraient les uns contre les autres avant de céder, et se déchireraient plutôt qu'ils ne se couperaient.

Pour se procurer de la fumée, la meilleure matière est de la bouse de vache ou de bœuf, séchée, réduite en morceaux qui puissent entrer dans l'enfumoir et s'allumer avec peu de feu : la fumée qu'elle donne dure plus long-temps que celle du linge ou de toute autre matière réduite en poussière ; elle pourrait s'enflammer, ce qu'il faut éviter.

Époque de la récolte de la cire.

On peut faire la récolte lorsqu'on voit les abeilles en grande activité et revenir chargées de pollen.

Communément, cette récolte doit avoir lieu deux mois et demi avant l'époque ordinaire de la sortie des essaims dans chaque contrée.

Cette récolte peut se faire dans toutes les ruches, de quelque forme qu'elles soient, mieux dans celles évasées et un peu profondes, pour donner plus de refuge aux abeilles enfumées.

Manière de faire la taille.

On souffle un peu de fumée à l'entrée de la ruche, on la penche, on y introduit l'enfumoir; les abeilles se réfugient aussitôt dans la partie la plus élevée : alors on met la ruche sens dessus dessous entre les bâtons d'une chaise ou entre ses cuisses. Comme c'est communément dans les rayons du devant que se trouvent les premiers couvains, on doit commencer par ceux du derrière et enlever tout ce qui sera vide : pour cela on insinue la lame chaude du tranchant entre les rayons et on la tourne de manière à les couper; on avance du côté du devant, et l'on s'arrête dès qu'on aperçoit le couvain : cela doit se faire avec célérité. Si, pendant l'opération, des abeilles remontaient, on leur souffle de la fumée, qui les éloigne aussitôt.

Dans de fortes ruches, on trouve des rayons de miel qu'on peut récolter, avec l'attention de séparer les rayons contenant du miel d'avec ceux qui sont vides, parce que ceux-ci absorberaient une partie du miel de ceux-là, et aussi parce que les ciriers, prétendant que les rayons secs donnent une cire de meilleure qualité, ils recommandent d'extraire le plus possible les rayons à grands alvéoles, croyant que leur cire blanchit mieux et plus promptement.

L'élève du département des Landes a eu la complaisance de nous montrer combien cette récolte est facile. D'une main, il a penché une ruche, de l'autre a mis l'enfumoir dessous la partie penchée ; les abeilles se sont aussitôt retirées dans le haut de leur ruche, qu'il a renversée sens dessus dessous, et l'ayant placée entre les bâtons d'une chaise, il a tranché un rayon. Quinze jours après, la brèche était réparée. Nous étions en cercle autour de la ruche sans la moindre précaution, et personne n'a été offensé par les abeilles.

Quantité de cire que l'on peut tirer de chaque ruche.

Cette quantité doit être proportionnée à la force des ruches. Aux fortes, on en prend jusqu'à une livre ; à d'autres, trois quarterons, une demi-livre ; aux ruches faibles, on ne fait qu'ébarber les rayons.

Après les étés qui n'ont pas été favorables aux abeilles, il y a des ruches qui, pendant l'hiver, perdent une partie de leur population : à ces ruches il faut prendre beaucoup de cire ; car si on leur en laisse trop, les abeilles, ne pouvant ni la réchauffer ni la défendre, se retireront entre les rayons du centre ; si au contraire on ne laisse à cette petite famille que les édifices qui lui sont nécessaires pour son logement, ses provisions, sa progéniture, elle les soignera, les défendra, et lorsqu'elle aura accru sa population et que la campagne lui offrira des ressources, elle construira de nouveaux rayons, et sera bien plus sainement que si on lui avait laissé tous ses vieux rayons.

Si on fait attention à la prodigieuse quantité de cire que l'on consomme dans le royaume, à son prix, aux fonds employés pour en faire venir de l'étranger, on sentira quels avantages on peut tirer de cette récolte si elle était faite dans toute la France, récolte incomparable puisqu'elle ne manque jamais : nous serions bientôt dans le cas d'en exporter, au lieu d'en faire venir.

Il y a deux cent trente sociétés en France, qui, sous différens noms, s'occupent de l'amélioration de notre économie rurale : si ces sociétés voulaient bien, pendant deux ou trois ans seulement, publier dans leurs arrondissemens respectifs une courte instruction sur le temps et la manière de faire cette récolte, l'instruction et l'époque se perpétueraient, et nous procureraient une prodigieuse quantité de cire qui est annuellement perdue.

J'engage les propriétaires qui ne se sentiraient pas la dextérité propre à faire cette récolte d'appeler, dans le temps convenable, un de ces paysans qui, au printemps, courent la campagne pour dé-

pouiller les ruches, en lui prescrivant ce qu'il de-
vra faire, sur-tout de ne pas toucher au couvain :
en l'exigeant, on réussira comme si on avait agi
soi-même ; il serait bon aussi que ces particuliers
fussent porteurs de certificats de capacité délivrés
par la Société d'agriculture la plus voisine.

OBSERVATIONS NOUVELLES SUR LES ABEILLES.

La récolte annuelle de la cire a fait découvrir des particularités de l'histoire naturelle des
abeilles, échappées à tous les naturalistes.

En faisant cette récolte on connaît les ruches
dont les reines sont mortes pendant l'hiver, parce
qu'alors, dans ces ruches, il n'y a point ou très-
peu de couvain : ce qui a donné lieu aux observations suivantes.

Première observation.

Si la reine périt pendant l'hiver, les abeilles,
lors de l'apparition des premières fleurs, sortent
pour vivre de leur miel, n'en amassent point,
n'apportent point de pollen, et la ruche est perdue,
à moins qu'on ne puisse prolonger son existence
jusqu'au temps où on pourra lui donner un essaim.

Deuxième observation.

Si la reine meurt après avoir pondu au com-
mencement de la saison des fleurs, les abeilles

continuent à récolter du pollen, nourrissent le couvain d'abeilles ouvrières qui, étant parvenues à leur état parfait, pondent des œufs *d'où doivent sortir des faux-bourdons:* là se bornent leurs travaux, les abeilles tombent alors dans l'inaction et la ruche est perdue, si on ne lui donne pas un essaim.

Troisième observation.

Si la reine périt dans un moment où les travaux sont dans une grande activité, lorsque les abeilles construisent des gâteaux, lorsqu'il y a beaucoup de couvain d'abeilles ouvrières, *et non encore de mâles*, les abeilles ouvrières s'occupent de suite à pondre et à élever des mâles, et lorsqu'ils sont sous la forme de nymphes, les ouvrières construisent des cellules royales et y élèvent des reines, ce à quoi elles ne s'occupent que quinze, vingt à vingt-cinq jours après la mort de la reine; le tout est combiné de manière que les reines naissent en même temps que les mâles : cette coïncidence ne manque jamais. Dans ce cas, les reines, qui, dans l'ordre naturel, parviennent en seize jours à l'état parfait, n'y parviennent que trente à quarante jours après la mort de l'ancienne.

Quatrième observation.

Enfin si la reine périt au moment où il y a des faux-bourdons dans la ruche, ou prêts à naître, les abeilles construisent *de suite* des cellules royales, dans lesquelles elles élèvent des reines : c'est le cas le plus favorable.

Pour élever des mâles, les abeilles qui n'ont point de grandes cellules s'en procurent en élargissant et allongeant çà et là de petites cellules ; les abeilles ouvrières y pondent, et il en sort des mâles aussi gros, aussi bien formés que ceux que nous voyons chaque année dans les ruches.

Ces observations sont appuyées sur des expériences que voici :

Je laisse parler l'observateur.

« Lorsque je commençai, dit-il, la culture
» des abeilles, je témoignai à un vieux paysan
» la peine que je ressentais de ce qu'une de mes
» belles ruches était *orbe*, c'est-à-dire qu'elle
» avait perdu sa reine (1) : craignant qu'elle ne

______

(1) Ce mot *orbe*, adjectif dans le département des Landes et les voisins, désigne une ruche sans mère abeille. Il est vulgaire ; il vient du mot latin *orba* ou *orbata*. Ovide a dit : *Natique parentibus orbi ;* d'une veuve, *orbata marito ;* d'une orpheline, *utroque orbata parente ;* et ce petit mot vaut bien la périphrase française.

» fut pillée avant d'avoir eu le temps de lui don-
» ner un petit essaim , cet homme me dit que je
» pourrais peut-être la sauver , son maître ayant
» assuré qu'en donnant à une ruche qui avait
» perdu sa reine un rayon garni d'œufs et de pe-
» tits vers, les abeilles se feraient une reine ;
» il ajouta qu'il l'avait essayé deux fois en taillant
» ses ruches au printemps, qu'il n'avait pas ob-
» tenu de reine; mais que la saison étant plus
» avancée , je serais peut-être heureux. Le même
» jour, je donnai à ma ruche orpheline le gâteau
» de couvain, et *trente-cinq jours* après, il na-
» quit des reines et des mâles pour les féconder :
» ma ruche fut sauvée (1).

» En conséquence de ce succès, dit-il, je fis
» beaucoup d'essais, tant chez moi que chez les
» autres, dans toutes les saisons. Ces essais m'ap-
» prirent que si on opère trop tôt ou dans une
» année stérile pour les abeilles, ou sur des ru-
» ches appauvries , on n'obtient point de reine :
» dans ce cas, tout le succès se borne à voir
» naître quelques mâles dans de petites cellules
» élargies et allongées; mais que si on opère
» dans le moment où les bonnes ruches sont en

---

(1) Ce fait a été constaté un grand nombre de fois par
MM. *Huber* père et fils et par moi.

» pleine activité, on réussit assez souvent, et
» toujours, dans ce cas, les abeilles ne construi-
» sent des cellules royales que quinze, vingt,
» vingt-cinq jours après qu'on leur a donné un
» gâteau contenant des jeunes vers, et les reines
» ne parviennent à l'état parfait que trente-trois,
» trente-cinq, trente-six et quarante jours à par-
» tir de l'époque où on leur a donné des gâteaux,
» observant que les cellules royales sont cons-
» truites, non après les gâteaux donnés, mais
» après les rayons de la ruche.

» Actuellement, dit l'observateur, je vais don-
» ner des particularités que j'ai remarquées dans
» une de mes principales expériences.

» En faisant ma récolte de cire au printemps
» de 1802, je m'aperçus que trois essaims de
» l'année précédente avaient perdu leur reine
» pendant l'hiver; ils étaient remarquables par
» leur beauté, leur population et leur abondante
» provision. L'expérience m'ayant appris que le
» moment n'était pas favorable, je me bornai,
» pour que mes ruches ne fussent pas pillées, à
» fermer leur entrée inférieure, et à ouvrir vers
» le milieu un passage pour les abeilles au tra-
» vers du clissage.

» Lorsque la saison fut plus avancée, n'y ayant
» plus de couvain dans ces ruches, et au moment

» où mes autres ruches étaient en activité, je
» donnai à chacun de ces trois essaims un gâteau
» garni de couvain : aussitôt les abeilles orphe-
» lines vinrent visiter les nouveaux rayons. La
» population se porta sur ce point, et s'y établit
» d'une manière fixe ; le couvain fut réchauffé ,
» les vers nourris, mes bonnes mouches soignè-
» rent ces vers étrangers avec une affection toute
» maternelle.

» Ce couvain parvenu à son terme, je vis les
» premières mouches sortir des alvéoles , fortes,
» vigoureuses, qui, sans perdre de temps, s'oc-
» cupèrent à élever des faux-bourdons, et à me-
» sure que les abeilles des nouveaux rayons sor-
» taient de leurs alvéoles, les mâles se multi-
» pliaient dans la même proportion.

» Après vingt-cinq jours, m'apercevant que tout
» le couvain des gâteaux donnés était né, que les
» abeilles les avaient abandonnés, je les retirai.

» Quelques jours s'étant passés, je fis une
» nouvelle visite, et quelle joie lorsque, ren-
» versant la première ruche , j'aperçus quatre
» cellules royales, renfermant chacune un beau
» ver environné de sa bouillie ! Le second essaim
» n'avait pas encore de vers royaux ; mais les
» calices qui devaient les contenir étaient faits
» et annonçaient leur prochaine apparition, le

» troisième continuait à élever des mâles dans de
» petites cellules élargies et allongées.

» Impatient, je visitai bientôt après mes trois
» essaims : le premier avait ses quatre cellules
» royales fermées, de plus une cinquième com-
» mencée ; le second avait trois vers royaux ; le
» troisième, toujours dans le même état.

» Dans le premier, la première reine parut le
trente-septième jour, dans le second, le qua-
» rantième. Ces deux ruches prospérèrent, tan-
» dis que le troisième ne produisit que des mâles,
» quoique je lui eusse fourni un second rayon
» plein de jeune couvain, en retirant le premier
» dont les abeilles avaient pris leur essor ; il ne
» fut sauvé qu'en lui donnant un petit essaim.

» En faisant ces essais, dit l'observateur, je
» m'aperçus que les abeilles sans reine commen-
» çaient toujours par élever des faux-bourdons,
» et qu'elles y employaient un temps considérable
» dans la saison la plus favorable aux abeilles :
» j'imaginai que si je donnais du couvain de
» mâles en même temps que du couvain d'abeil-
» les ouvrières, j'accélérerais la naissance des
» reines. J'essayai sur deux ruches de pareille
» force de donner deux gâteaux en même temps,
» l'un de couvain de bourdons, l'autre d'abeilles
» ouvrières : l'une et l'autre s'occupèrent d'abord

(23)

» à élever de nouveaux mâles dans de petites
» cellules élargies et allongées : l'une se donna
» une reine au bout de plus de trente jours, et
» l'autre n'en éleva point. Cet essai, répété une
» seconde fois, eut le même résultat. »

D'après ces observations et essais, on y voit des abeilles ouvrières qui pondent presque aussitôt qu'elles sont arrivées à leur état parfait: comment ont-elles pu être fécondées dans un temps où nous croyons qu'il n'y a point encore de mâles dans les ruches?

D'après M. *Huber*, dans l'ordre naturel, les mâles arrivent à leur état parfait le vingt-septième jour, et les reines dès le seizième, avec une telle coïncidence, que les mâles et les jeunes reines y parviennent en même temps, et sortent aussi en même temps pour opérer la fécondation.

D'après ces nouvelles observations, les abeilles ouvrières ne s'occupent à se donner des reines que quand les mâles sont au point de pouvoir prendre leur essor en même temps qu'elles. C'est pourquoi les reines, qui, encore une fois dans l'ordre naturel, parviennent à leur état parfait le seizième jour, ne paraissent que trente à quarante jours après l'époque où on a donné un rayon contenant du jeune couvain.

Où les abeilles prennent-elles des vers pour se

donner des reines quand elles ne s'en occupent que quinze ; vingt et vingt-cinq jours après qu'on leur a donné un gâteau, dont tout le couvain a pris l'essor et que l'observateur a retiré vide ?

Pourquoi ces essais ne réussissent-ils pas toujours, quoique les circonstances paraissent les mêmes ?

Il faut remarquer que rien, dans ces observations et essais, ne contredit ni *Schirach*, qui a découvert que les abeilles qui ont perdu leur reine, peuvent s'en procurer une autre, ni M. *Huber*, qui a vérifié la découverte de *Schirach*, parce que l'un, lors de sa découverte, et l'autre, dans sa confirmation, se sont trouvés dans le cas le plus favorable, indiqué dans la quatrième observation.

J'ai adressé ces observations à MM. *Huber* père et fils, qui ne m'ont pas répondu.

Je les ai adressées à un membre distingué de l'Académie des sciences, qui m'a répondu sans me donner de solution.

Mon âge avancé et mes yeux ne me permettant pas de m'occuper de ces observations nouvelles, je les livre aux naturalistes, afin qu'ils tâchent de découvrir ce nouveau point admirable dans l'histoire naturelle des abeilles.

DES CAUSES D'ABONDANCE EXTRAORDINAIRE DES
MALES DANS DES RUCHES.

Le même observateur ajoute à cela une singularité qui mérite d'être rapportée.

« Je recueillis un jour, dit-il, un très-gros essaim, cinq jours après il déserta sa ruche, et malgré tout ce que je pus faire, il fut perdu pour moi ; je visitai aussitôt la ruche abandonnée, j'y trouvai six rayons d'environ huit pouces de longueur, la reine n'y avait pas pondu. Les abeilles, qui étaient aux champs, revinrent dans la ruche, et le soir elles y furent en si grand nombre, qu'on pouvait les évaluer à un deuxième essaim. Pour le sauver, je formai le projet de lui adjoindre un petit essaim, les abeilles travaillèrent avec activité, ramassèrent du miel, finirent les alvéoles imparfaits, n'en commencèrent point d'autres, n'apportèrent point de pollen et n'élevèrent point de couvain ; trois semaines se passèrent ainsi : n'ayant point d'essaim à leur donner, je perdis patience, et à la place de la ruche abandonnée, je mis une forte ruche, que je remplaçai par la ruche abandonnée, en sorte que ces deux ruches changèrent mutuellement de place.

» Voici ce qui arriva :

» La ruche abandonnée se garnit de mouches,

les gâteaux commencés furent prolongés, d'autres furent commencés, et au bout de quinze jours la ruche fut pleine de gâteaux à *grandes cellules;* bientôt après j'aperçus une cellule royale avec son ver, je crus ma ruche sauvée.

» La cellule royale fut très-allongée et fermée ; quinze jours s'étant passés, je l'enlevai; elle renfermait un faux-bourdon mort sous forme de nymphe après avoir filé sa coque.

» Pendant le temps qui s'était écoulé depuis l'apparition de la cellule royale jusqu'au moment où je l'enlevai, les faux-bourdons enfermés dans les gâteaux à grandes cellules étaient nés : c'était une chose curieuse de voir cette ruche contenant plus de faux-bourdons que six fortes ruches ensemble n'en ont ordinairement. Tous ces messieurs sortaient l'après-midi, faisaient un tapage à étourdir; m'ennuyant enfin de ce spectacle, j'étouffai le tout. Je ne trouvai point de couvain d'abeilles ouvrières; j'en tirai onze livres de miel et une livre et demie de cire.

» Actuellement, dit-il, je demande comment concevoir que tant que les abeilles qui étaient aux champs lorsque le gros essaim a déserté sa ruche, soient restées stériles, n'ayant pas construit de rayons, n'ayant pas élevé un seul ver pendant qu'elles étaient seules; tandis que de nouvelles mouches. s'étant introduites dans la ruche , il est né une incroyable quantité de faux-bourdons? Pourquoi cette stérilité absolue avant le déplacement des ruches et cette fécondité immense après?

» Enfin , dit l'observateur , en taillant mes ruches au printemps , je me suis avisé trois fois de mettre des ruches qui avaient perdu leur mère à la place de fortes ruches, et chaque fois les abeilles ont fait des gâteaux à grandes cellules. Le phénomène de la cellule royale n'a pas reparu et les ruches ont été perdues. »

Le nouvel observateur est étonné de voir des abeilles ouvrières infécondes dans un temps et fécondes dans une autre , ce qui lui paraît une espèce de désordre qu'il ne conçoit pas. M. *Huber* , dans ses *Observations sur les abeilles* , nous explique cela dans sa cinquième lettre à M. *Bonnet*.

« Toutes mes expériences , dit-il , m'ont con-
» vaincu qu'il ne naît des abeilles ouvrières capa-
» bles de pondre que dans les ruches qui ont perdu
» leur reine : or, lorsque les abeilles ont perdu leur
» mère, elles préparent une grande quantité de
» gelée royale pour en nourrir les vers qu'elles
» destinent à la remplacer ». Si donc les abeilles ouvrières fécondes ne naissent jamais que dans

ce seul cas, il est évident qu'elles ne naissent que dans les ruches où les abeilles préparent de la gelée royale, qui, faisant partie de leur nourriture dans leur bas âge, les rend fécondes. Ce point ne paraît pas douteux.

Dans ses observations, M. *Huber*, ainsi que nous l'avons dit, ne parle point des petites cellules élargies et allongées, dans lesquelles les abeilles ouvrières pondent des œufs de mâles ; il dit même que dans ce cas les abeilles ouvrières pondent des œufs de mâles dans de petites cellules, quand il n'y en a pas de grandes dans les ruches. Si cela était ainsi, il n'en pourrait sortir que de petits mâles, comme on en voit quelquefois. Comme on peut compter sur leur véracité, il est probable qu'ils ont raison tous deux ; mais la remarque des petites cellules élargies et allongées est une nouvelle preuve de l'admirable industrie des abeilles.

Manière de faire la récolte et le commerce de la cire dant le département des Landes.

Cette récolte, se fait à la fin de l'été, du 1er. au 15 septembre, époque où les abeilles ont fini leurs travaux, et y ayant le moins de couvain dans les ruches.

On a des barriques pouvant contenir trente

veltes. La velte est de six bouteilles de Paris ;
la pinte de miel pesant environ deux livres et
demie, les trente veltes doivent donner quatre
à cinq cents livres de miel environ, trente livres
de cire et un marc.

Communément quinze ruches pleines un peu
plus ou un peu moins remplissent une barrique.

L'opération se fait à l'entrée de la nuit, les
barriques placées à la portée des ruches, défon-
cées d'un bout, et les ruches dans leur intérieur
n'ayant point de baguettes croisées pour soute-
nir les rayons. Ceux qui opèrent tiennent chaque
ruche par le haut, d'une main, et du plat de
l'autre main frappent dessus deux ou trois coups,
et tout tombe dans la barrique, ce qui est aussitôt
pilé avec des poteaux de bois ; les rayons étant
chauds s'écrasent et se divisent facilement.

Les hommes occupés à cette besogne prennent
peu de précautions contre les piqûres des abeilles.

Vider soixante ruches, écraser, piler, rem-
plir quatre barriques est l'affaire d'environ quatre
heures.

On conçoit qu'en frappant sur les ruches qui
sont baugées, il tombe bien des ordures dans les
barriques, et même des débris de ruches ; on n'y
fait point attention, parce que ces ordures, ces
débris, les abeilles mortes et le peu de couvain

qui est mêlé, n'ôtent rien à la qualité du miel, qu'il conserve plutôt qu'il ne corrompt.

On remet les fonds aux barriques, et dans cet état elles passent dans le commerce.

Des propriétaires bourgeois ont voulu faire mieux, ils ont étouffé leurs abeilles et fait un triage avec propreté ; ils ont perdu leurs peines et leurs frais, parce que le cours du prix des barriques étant établi, on ne met point de distinction entre les barriques, et les bourgeois font actuellement comme les paysans.

Les négocians achètent les barriques à tant la velte : cette année 1823, par exemple, le prix courant a été à quatre francs la velte, ce qui a porté la barrique à cent vingt francs. Le prix convenu, les négocians les enlèvent, les laissent reposer pendant vingt-quatre à trente-six heures, afin que les corps légers montent à la surface du miel, que l'on soutire et qui sort pur ; ils en remplissent des barriques qui pèsent jusqu'à six cents livres : ces miels sont exportés en Hollande et dans le Nord pour en faire des boissons.

On presse tout ce qui a surnagé, la cire, le marc, etc., d'où l'on tire un second miel ; on fond la cire pour la mettre en pains.

J'ai dit que le miel conservait plutôt qu'il ne corrompait. Dans le fait, d'après des essais, il a été reconnu que le miel conservait des fruits, de la viande, du poisson; mais les objets conservés contractant un goût de miel, y a fait renoncer.

A Paris, les fabricans de pain d'épice achètent de ces barriques pleines, les démolissent de manière que le miel reste nu, fait une masse très-dure, et pour l'employer on lève cette masse par parties.

LOMBARD,
de la Société royale et centrale d'agriculture,

rue des Saussais, faubourg Saint-Honoré, n°. 11.

Lombard
Extrait du sixième et dernier cours